AF595243

J.-H. FABRE

ou

Une Leçon d'Energie

Publications mensuelles de *L'IDÉE LIBRE* — Octobre 1925 — Numéro 112

Georges VIDAL

J.-H. FABRE
OU UNE LEÇON D'ÉNERGIE

Avec un Portrait hors-texte.

EDITIONS DE *L'IDÉE LIBRE*

Conflans-Honorine (Seine-et-Oise)

1925

DU MÊME AUTEUR :

Quelques Rimes, poèmes, 1919 (épuisé).

Devant la Vie, poèmes, 1923 (Librairie Sociale).

Comment mourut Philippe Daudet, 1924 (Ed. de l'Epi).

Han Ryner, l'homme et l'œuvre, 1924 (Librairie Internationale).

La Halte, poèmes, 1925 (Ed. de l'Insurgé).

Commentaires, 1re série, 1925 (Ed. de l'Insurgé).

à paraître prochainement :

Simples histoires de prison.

Six-Fours, bourgade provençale (Ed. des Humbles).

Jules le Bienheureux, nouvelle, illustrations de Germain Delatousche (Ed. des Humbles).

x

Le portrait de J.-H. Fabre que nous publions en tête de la présente brochure est extrait de l'ouvrage de M. Hollard : J.-H. FABRE. *Nous remercions vivement la Librairie Fischbacher de nous avoir autorisé à le reproduire.*

INTRODUCTION

J'AI voulu, dans la courte étude qui suit, croquer à larges traits la figure remarquable de J.-H. Fabre. Il ne faudra donc pas chercher au cours de ces pages, nécessairement superficielles, un exposé approfondi des recherches du grand naturaliste. D'autres, et notamment le Docteur Legros et M. Marcel Coulon, se sont faits les savants historiographes de l'ermite de Sérignan,

J'espère toutefois que cette étude éveillera, chez ceux qui ignorent encore J.-Henri Fabre, le désir de connaître les inimitables « Souvenirs Entomologiques ».

G. V.

I

L'ÉNERGIE

Il en est de l'Energie comme Esope voulait qu'il en soit de la Langue — si l'on en croit la fable — : c'est à la fois la meilleure et la pire des choses.

Rien n'est plus dangereux pour le bien-être et la sécurité des hommes que l'énergie d'un arriviste ambitieux et d'un égoïste dominateur.

Rien n'est plus utile à l'homme — et aux hommes — par contre, que l'énergie libératrice qui fait se reculer de jour en jour les frontières de l'inconnu.

« L'énergie est la seule vie ; l'énergie est l'éternel délice », disait William Blake.

Jamais parole ne fut plus juste.

L'énergie, saine et raisonnée, est peut-être le plus précieux trésor de l'homme. La brute et l'animal ont l'entêtement, mais ils ignorent l'énergie. Et l'entêtement est à l'énergie ce qu'est l'instinct à l'intelligence. Seul, l'homme possède l'intelligence et l'énergie dans toute leur splendide force. Et c'est un crime de lèse-humanité qu'ils commettent lorsqu'ils laissent s'atrophier en eux ces inestimables facultés.

Et, sans l'énergie, l'intelligence n'est plus qu'une petite chose impuissante et dépourvue de toute vie riche. Elle sommeille ou ratiocine. Ses créations, débiles ou morbides, chefs-d'œuvre pour dillettantes et masturbés, ne peuvent supporter la brutale lumière du soleil. Pour que l'intelligence vibre, tressaille, s'émeuve, pour qu'elle puisse créer des concepts neufs et des idées viables, il lui faut être fécondée par l'énergie.

Et les terres sont vastes, de l'intelligence, que peut féconder l'énergie.

Parfois — et surtout dans l'action sociale — l'énergie peut prendre le pas sur l'intelligence et suppléer aux défauts de celle-ci. Et nous avons l'inoubliable exemple de Vladimir-Illitch Ulianov Lénine, fugitif, attendant son heure, en 1917, dans la hutte de branchages qu'il avait construite de ses mains aux bords de la Razliv.

La plupart du temps, il faut que l'intelligence et l'énergie se prêtent un concours égal. Et — dans la littérature — nous avons l'ancien débardeur Jack London, l'ancien chemineau Maxime Gorki « l'amer », l'ancien gâte-sauce Pierre Hamp, l'ancien vagabond Panaït Istrati — et tant d'autres ! — qui vinrent, de leurs mains tendues, nous apporter l'inappréciable trésor de leur vie d'homme.

Jean-Henri Fabre est de ceux-là. Ecrivain ou savant ? Bah ! qu'importent les étiquettes... Cet homme admirable, les savants l'ont repoussé parce qu'il écrivait une langue pure et les littérateurs l'ont ignoré parce que sa simplicité les dépassait. Tant mieux. Car il est de ces rares dont le vibrant génie ne se catalogue pas, — de ces rares pour qui tout cadre est un lit de Procuste.

II

LA VIE DE J.-H. FABRE

Jean-Henri Fabre voit le jour le 22 décembre 1823 à Saint-Léons, hameau du haut Rouergue. Ses parents, petits cultivateurs, font valoir un maigre bien et l'enfant va passer son enfance dans un autre minuscule village, Malaval. « C'est dans les chemins bordés de ronces de Malaval, à travers les clairières de fougères et parmi les champs de genêts, qu'il reçut ses premières impressions de la nature. C'est là aussi qu'habitait sa grand'mère, la bonne vieille qui savait l'endormir le soir avec de beaux contes et de naïves histoires en filant sa quenouille et faisant tourner son fuseau (1).

(1) Dr G.-V. Legros : *La Vie de J.-H. Fabre, naturaliste*, Delagrave, éditeur., p. 2.

L'enfant a déjà sept ans. Ses parents l'envoient à l'école de Saint-Léons, école que tient son parrain, Pierre Ricard, l'instituteur du village, « à la fois barbier, sonneur de cloches et chantre au lutrin ». Et M. Legros, le dévoué disciple du naturaliste, de s'écrier : « Rembrandt, Téniers ou Van Ostade n'ont rien peint de plus pittoresque que cette école visitée par les poules et les porcelets, qui servait en même temps de cuisine, de réfectoire et de chambre à coucher, avec « des images à un sou tapissant les murs » et une « vaste cheminée où, pour avoir droit, l'hiver, au régal du foyer, chacun devait apporter sa bûche le matin. »

C'est une période — la seule peut-être dans sa vie — d'absolue insouciance et de bonheur sans mélange.

Mais voilà que le père se laisse prendre au mirage de la ville. Il part pour Rodez où il tient un café. L'enfant entre au collège et « il sert la messe le dimanche, dans la chapelle, pour payer ses classes. » Hélas ! le père, dont les affaires marchent mal, quitte Rodez et prend un nouveau café à Toulouse. Le petit Fabre est admis gratuitement au séminaire de l'Esquile. Mais ses parents, qui ne sont décidément pas taillés pour le commerce, quittent Toulouse pour Montpellier. La misère s'accentue. Il faut laisser là les études et gagner son pain.

La vie merveilleuse de J.-H. Fabre commence.

Il part « sur les grandes routes blanches, enfant perdu, presque errant, essayant la vie avec quelles sueurs ! un jour vendant des citrons à la foire de Beaucaire, sous les arceaux des Halles ou devant les baraques du Pré ; une autre fois s'enrôlant dans une équipe d'ouvriers qui travaillaient à la ligne de Beaucaire à Nîmes qu'on était en train de construire. Il connut des heures sombres, mornes et désolées. Que faisait-il ? A quoi rêvait-il ? L'amour de la nature et la passion de l'étude le soutenaient malgré tout, et souvent lui servirent de nourriture, le jour, par exemple, où il lui arrive de dîner de quelques grains de raisins, cueillis furtivement au bord d'un champ, après avoir échangé le chétif reste de ses derniers liards contre un petit volume de Reboul, étourdissant sa faim en se récitant les vers du doux barde boulanger. Parfois aussi une bestiole lui tenait compagnie, et quelque insecte qu'il n'avait jamais vu était bien souvent une de ses meilleures joies : tel le hanneton des pins qu'il rencontra alors pour la première fois, ce superbe coléoptère dont le costume noir ou marron est semé de taches de velours blanc, qui gémit quand on le prend, en faisant entendre un léger bruissement pareil à la vibration d'un carreau de verre frotté par la pulpe d'un doigt mouillé. » (1)

Et c'est dans ces conditions, rapporte M. Legros, qu'il affronte un concours pour l'obtention d'une bourse à l'Ecole normale primaire d'Avignon ; miracle, il enlève d'emblée la première place.

Dès lors, c'est une existence de travail âpre et suivi, c'est un labeur chaque jour plus intense et qui ne tarde pas à porter ses fruits.

Il conquiert tout d'abord le brevet supérieur et se plonge dans l'étude du latin et du grec. Etrange est sa méthode. « Son professeur lui met un jour entre les mains une « Imitation » à double texte grec et latin. Ce dernier, qu'il commence à savoir, l'aide à déchiffrer le grec. » (2)

Mais le voilà enfin âgé de 19 ans. Il est nommé instituteur au collège de Carpentras. C'était l'époque (aux environs de 1842) où les instituteurs touchaient un traitement de 700 francs par an et n'avaient droit à aucune retraite ! Et combien sinistres étaient ces collèges dont Fabre a peint l'ambiance misérable et lugubre. . « Entre quatre hautes murailles, j'entrevois la cour, sorte de fosse aux ours où les écoliers se disputaient l'espace sous la ramée d'un platane ; tout autour s'ouvraient des espèces de cages à fauves, privées de jour et d'air : « c'étaient les classes suant la tristesse et l'humidité... Pour sièges, une planche scellée dans le mur... au milieu, une chaise veuve de sa paille, un tableau noir et un bâton de craie ! » (3)

Fabre, toutefois, supportait cela avec sérénité ; il travaillait. Non seulement son intelligence s'ouvrait aux sciences naturelles vers lesquelles il se sentait déjà tant attiré, mais encore il amassait diplômes sur diplômes. Non pas qu'il ait jamais eu un respect quelconque pour les diplômes. Il devait en effet répondre à un inspecteur général qui lui reprochait de ne pas préparer l'agrégation : « Ces distinctions me répugnent. » (4) Mais, pour mener à bien les études qu'il aimait, il lui fallait gagner un peu d'indépendance. C'est pour cela qu'il ne tarde pas à passer, à Montpellier, ses deux bacca-

---

(1) Ibid., p. 7.

(2) Idib., p. 9.

(3) *Souvenirs entomologiques*, 1re série, chap. XX, et 9e série, chap. XIII. Cités par le Dr Legros.

(4) Dr Legros, id., p. 285.

lauréats, puis deux licences pour les mathématiques et pour les sciences physiques.

Sa vie, avec le grotesque traitement des instituteurs, devenait presque impossible malgré les leçons particulières qu'il donnait de côté et d'autre. Il avait épousé, en octobre 1844, une jeune fille de Carpentras, Marie Villard, et n'avait pas tardé à être père.

Enfin, après une longue attente, le voilà nommé professeur de physique au collège d'Ajaccio, aux mirifiques appointements de 1.800 francs. Certes la situation était toujours précaire, mais, cependant, Fabre connaît une accalmie. Il parcourt avec délices les montagnes de Corse, qui offrent à ses yeux enthousiastes des sujets d'étude inespérés : une flore extraordinaire, des coquillages curieux, des pierres et des minéraux non encore rencontrés. Fabre vit intensément, frémissant aux sensations les plus diverses et s'émerveillant de respirer et de vibrer dans cette atmosphère chaude.

Toutefois, ce climat et ce pays, qui lui sont si chers, ne conviennent pas à son tempérament et sa santé est ébranlée. Il doit demander son changement. On l'envoie enseigner au lycée d'Avignon, et il se rétablit assez promptement.

Aux deux licences qu'il possède déjà, il ajoute bientôt celle des sciences naturelles. Va-t-il maintenant préparer une agrégation ? Non, car, nous l'avons dit, il n'éprouve que mépris pour ces distinctions officielles. Mais par contre il se décide à préparer le Doctorat des sciences naturelles puisque cela ne le détourne pas de ses études favorites.

Cependant sa situation pécuniaire est loin de s'être améliorée. Sa famille s'est augmentée ; il a maintenant cinq gosses autour de lui. Son traitement est redescendu de 1.800 francs (Ajaccio étant considéré comme pays d'outre-mer) à 1.600 francs. Il est obligé, pour nourrir les siens, de se dépenser en cours et leçons particulières. Il est esclave de la vie quotidienne et ne peut songer à travailler sérieusement pour lui. D'autre part, son indépendance lui attire l'inimitié de ses collègues et de ses supérieurs. Mais Fabre lutte. « S'il est contraint et forcé d'accepter quelque invitation, à part les jours de trop grande solennité où il est bien obligé de revêtir au complet la livrée de circonstance et la tenue de cérémonie, il reste fidèle à son feutre noir qui fait tache parmi les chapeaux hauts de forme et soigneusement lustrés. On le rappelle à l'ordre, on le semonce; il n'obéit qu'à contre-cœur ou même il résiste, s'insurge et menace de jeter sa démission. Faire sa cour, essayer de plaire, se mettre à plat ventre devant un supérieur, sont pour lui choses impossibles. Il ne sait ni solliciter, ni prendre le vent, ni s'imposer, ni même tirer profit de ses relations. (1)

De retour de Paris où il a passé son doctorat en sciences naturelles, Fabre continue à végéter dans sa « misère en habit noir ». En 1865, Pasteur lui rend visite, car peu à peu, dans un cercle restreint, la renommée de l'entomologiste s'est timidement fait jour. Le Dr Legros nous rappelle cette visite que Fabre lui-même a racontée dans une page émouvante. « Pasteur venait s'essayer à combattre le fléau inconnu qui dévastait les magnaneries ; et comme il ignorait tout du sujet qu'il se proposait d'étudier, tout, jusqu'à la constitution d'un cocon et l'évolution d'un ver à soie, il alla trouver Fabre, afin de puiser dans son savoir entomologique les élémentaires notions qui lui étaient indispensables... Préoccupé aussi par un autre problème, celui de l'amélioration des vins par le chauffage, Pasteur lui demanda à brûle-pourpoint, à lui infime prolétaire de la caste universitaire et qui ne buvait que de la piquette, de lui montrer sa cave. « Ma cave ! Pourquoi pas mes tonneaux, mes bouteilles poudreuses, étiquetées suivant l'âge et le cru !... Mais Pasteur insistait. Alors, lui désignant du doigt, dans un coin de la cuisine, une chaise veuve de sa paille, et sur cette chaise une dame-jeanne d'une douzaine de litres : Ma cave, la voilà, Monsieur !... » (2) Pasteur n'avait pas compris la pauvreté héroïque du chercheur méconnu. Fabre ne pardonna point.

Un homme, pourtant, devait le comprendre : ce fut Victor Duruy. Ce dernier, ministre de l'instruction publique et grand maître de l'université, vint le voir à Avignon. Une amitié naquit, car tous deux sortaient du peuple, tous deux étaient d'âpres travailleurs. Duruy voulut faire connaître le modeste savant qu'il avait en somme découvert. Il le fait tout d'abord chevalier de la Légion d'Honneur, distinction que Fabre reçoit avec une complète indifférence. Il le fait ensuite venir à Paris et le présente à l'empereur. Mais Fabre ne se sent pas du tout dans son élément et se hâte de regagner sa petite ville. A ce moment Duruy, innovateur intelligent, institue les cours d'adultes, les cours du soir pour ouvriers, paysans, bourgeois et jeunes filles qui veulent s'instruire. A Avignon, Fabre est chargé d'enseigner ainsi l'histoire naturelle. Il y apporte sans compter son dévouement et sa science. Mais cela ne dure pas bien longtemps. Duruy, en butte aux attaques des cléricaux, succombe. A Avignon, Fabre voit se dresser contre lui et son

(1) Dr Legros, id. p. 42.

(2) Dr Legros, id., p. 50.

nouvel enseignement l'hostilité de jour en jour plus menaçante de la gent « bien pensante ». « Le parti clérical, effrayé par son indépendance professorale et par son succès, lui fait une guerre au couteau. Une polémique s'engage autour de lui... Ses propriétaires lui signifient brutalement congé. Plein de dégout et de lassitude, Fabre donne sa démission de professeur, plante dans son chapeau haut de forme, symbole pour lui de l'asservissement universitaire, un beau plant de basilic, enfonce sur sa tête le vaste feutre cévenol de ses aïeux et va s'installer à Orange, au bout de la ville, en plein champ afin de redevenir pour toujours l'entomologiste actif qu'il a dû pendant vingt ans cesser d'être. » (1)

Mais comment Fabre va-t-il pouvoir vivre maintenant ? Nous sommes en 1871 et le voilà plus que jamais aux prises avec les difficultés de l'existence. Fabre se met alors à écrire ces merveilleux petits livres de vulgarisation où, avec une simplicité et une clarté presque sans égales, il met les problèmes de la science à la portée des intelligences neuves. Ce sont, tour à tour : **Le Ciel, La Terre, Lectures scientifiques, de Zoologie, Lectures sur la Botanique, Les Petites Filles, Aurore, Le Ménage, Maître Paul, Le Livre des Champs, L'Industrie, Le Livre d'Histoires, La Chimie agricole, La Chimie de l'oncle Paul,** etc... dont plusieurs avaient été déjà commencés à Avignon.

Toutefois, le temps lui manque toujours pour mener à bien l'œuvre entreprise. Ce n'est qu'à la fin de l'année 1878 qu'il peut réunir la matière du premier volume de ses **Souvenirs entomologiques.**

A ce moment, une grande douleur lui est encore réservée. Il perd un de ses fils qui venait de dépasser sa quinzième année et qui était déjà pour lui un compagnon d'études. « Un vide affreux se fit dans son cœur et ne se combla plus. Trente ans plus tard, l'émotion étreindra encore son âme et fera sangloter tout son corps, chaque fois qu'une allusion, si discrète qu'elle soit, ramènera devant les yeux de sa pensée cette chère mémoire. »

Mais l'heure approchait où Fabre pourrait travailler en paix — relativement. Bientôt, en effet, il se retire à Sérignan. Après un court veuvage et quoique ayant dépassé la soixantaine, Fabre, insoucieux de l'opinion, se remarie et sa nouvelle

(1) Marcel Coulon : *Le Génie de J.-H. Fabre*, Ed. du Monde Nouveau, pp. 16 et 265

femme, jeune et dévouée compagne, lui donne trois enfants qui viennent remplacer la première nichée déjà presque entièrement dispersée par les chemins de la vie.

C'est dans cet ermitage qu'une gloire tardive vint visiter le vieillard par un matin d'avril 1910.

III

L'ŒUVRE DE J.-H. FABRE

Fabre, l'observateur inimitable.
DARWIN (L'Origine des Espèces).

....Fabre, l'homme qui, depuis Réaumur, a pénétré le plus avant dans l'intimité des insectes et dont l'œuvre est véritablement créatrice, peut-être sans qu'il s'en doute, de la psychologie générale des animaux.
REMY DE GOURMONT (Physique de l'Amour.)

Fabre, tout jeune, avait été tenté par la médecine. Plus tard, avant de se consacrer principalement à l'entomologie, il étudia avec passion toutes les sciences naturelles, consacrant de longues heures à la botanique et à la minéralogie.

C'est en 1854, alors qu'il habite Avignon, que Fabre semble avoir définitivement trouvé sa voie. Le hasard lui fait tomber entre les mains un petit ouvrage de l'entomologiste Léon Dufour. « Il s'agissait, expose M. Legros, d'un fait fort singulier concernant les mœurs d'un hyménoptère, une guêpe, un cerceris, dans le nid duquel Dufour avait trouvé de petits coléoptères du genre Bupreste qui, sous les apparences de la mort, conservaient intact, pendant un temps invraisemblable, leur somptueux costume resplendissant d'or, de cuivre ou d'émeraude, et toute la fraîcheur de leurs chairs. En un mot, ces victimes du cerceris, loin d'être desséchées ou corrompues, présentaient un état d'intégrité tout à fait paradoxal.

« Dufour croyait simplement que ces Buprestes étaient morts, et il donnait de ce phénomène un semblant d'explication.

« Fabre, intrigué, voulut voir par lui-même, et, à sa grande surprise, il constata combien les observations de celui qu'on appelait alors le « patriarche de l'entomologie » étaient incomplètes et insuffisamment approfondies. » (1)

En effet, en 1855, par un mémoire publié dans les « Annales des Sciences naturelles », il fit connaître la véritable histoire du grand cerceris.

Deux ans plus tard, il publie un second mémoire sur les mœurs de deux petits coléoptères, les Sitaris et les Méloès. L'Institut lui décerne un de ses prix Montyon.

Voilà donc Fabre orienté vers l'entomologie. Mais sa pauvreté lui laisse peu de loisirs. Absorbé par ses cours et ses leçons particulières, il ne peut disposer que de brefs instants pour observer l'infiniment petit.

Mais Fabre ne connaît pas le découragement. Il lutte. Il patiente.

En 1878 seulement paraît le premier volume de ces **Souvenirs entomologiques** où il note — disons plutôt : il conte — ses innombrables découvertes.

Il a 55 ans déjà et son œuvre est à peine commencée...

Mais le savant est infatigable; cette œuvre, il la mènera jusqu'au bout. « Foin du repos, écrit-il, rien ne vaut le travail pour dépenser correctement sa vie, tant que la machine peut fonctionner ». Et à 87 ans, il travaillait encore avec l'ardeur des premiers jours.

Nous reviendrons plus loin sur les caractéristiques de Fabre : don extraordinaire de l'observation, etc... Contentons-nous ici — et cela servira mieux le savant que n'importe quelle démonstration — de prendre un exemple entre cent, au hasard de son œuvre.

Ecoutons-le nous parler des « amours » de la Mante.

Connaissez-vous la Mante, tout d'abord ? C'est une petite bête du Midi appelée communément « Prie-Dieu », à cause de ses pattes antérieures dont la position rappelle des bras en posture d'invocation. La Mante « ne manque pas de gracieuseté, avec sa taille svelte, son élégant corsage, sa coloration d'un vert tendre, ses longues ailes de gaze. Pas de mandibules féroces, ouvertes en cisailles ; au contraire, un fin museau pointu qui semble fait pour becqueter. A la faveur d'un cou flexible, bien dégagé du thorax, la tête peut pivoter, se tourner de droite et de gauche, se pencher, se redresser. Seule parmi

(1) Dr Legros, Id., p. 38.

les insectes, la Mante dirige son regard ; elle inspecte, elle examine ; elle a presque une physionomie. »

Mais que l'on ne se fie pas à cet aspect plutôt pacifique. « Elle est le tigre des paisibles populations entomologiques, l'ogre en embuscade qui prélève tribut de chair fraîche. Supposons-lui vigueur suffisante, et ses appétits carnassiers, ses traquenards d'horrible perfection, en feraient la terreur des campagnes. Le **Prégo-Dieu** (Prie-Dieu) deviendrait vampire satanique. »

Et le savant observateur nous fait assister aux chasses de la curieuse bestiole qui triomphe de proies plus grosses qu'elle et qui, lorsque le combat peut avoir des risques pour elle, use de fascination : « Les élytres s'ouvrent, rejetés obliquement de côté ; les ailes s'étalent dans toute leur ampleur et se dressent en voiles parallèles, en vaste cimier que domine le dos ; le bout du ventre se convolute en crosse, remonte, puis s'abaisse et se détend par brusques secousses avec une sorte de souffle, un bruit de « puf ! puf ! » rappelant celui du dindon qui fait la roue. On dirait les bouffées d'une couleuvre surprise.

« Fièrement campé sur les quatre pattes postérieures, l'insecte tient son long corsage presque vertical. Les pattes ravisseuses, d'abord ployées et appliquées l'une contre l'autre devant la poitrine, s'ouvrent toutes grandes, se projettent en croix et mettent à découvert les aisselles ornementées de rangées de perles et d'une tache noire à point central blanc. Les deux ocelles, vague imitation de ceux de la queue du paon, sont, avec les fines bosselures éburnéennes, des joyaux de guerre tenus secrets en temps habituel. Cela ne s'exhibe de l'écrin qu'au moment de se faire terrible et superbe pour la bataille.

« Immobile dans son étrange pose, la Mante surveille l'acridien, le regard fixé dans sa direction, la tête pivotant un peu à mesure que l'autre se déplace. Le but de cette mimique est évident : la Mante veut terroriser, paralyser d'effroi la puissante venaison qui, non démoralisée par l'épouvante, serait trop dangereuse.

« Y parvient-elle ? Sous le crâne luisant du Dectique, derrière la longue face du Criquet, nul ne sait ce qui se passe. Aucun signe d'émotion ne se révèle à nos regards sur leurs masques impassibles. Il est certain, néanmoins, que le menacé connaît le danger. Il voit se dresser devant lui un spectre, les crocs en l'air, prêts à s'abattre; il se sent en face de la mort et ne fuit pas lorsqu'il en est temps encore, lui qui excelle à bondir et qui, si aisément, pourrait s'élancer loin des griffes, lui le sauteur aux grosses cuisses, stupidement reste en place ou même se rapproche à pas lents... »

Fabre nous conte maintenant les sauvages amours de la Mante : « Nous sommes vers la fin d'août. Le mâle, fluet amoureux, juge le moment propice. Il lance des œillades vers sa puissante compagne ; il tourne la tête de son côté, il fléchit le col, il redresse la poitrine. Sa petite frimousse pointue est presque visage passionné. En cette posture, immobile, longtemps il contemple la désirée. Celle-ci ne bouge pas, comme indifférente. L'amoureux cependant a saisi un signe d'acquiescement, signe dont je n'ai pas le secret. Il se rapproche ; soudain il étale les ailes, qui frémissent d'un tremblement convulsif, c'est là sa déclaration. Il s'élance, chétif, sur le dos de la corpulente ; il se cramponne de son mieux, se stabilise. En général les préludes sont longs. Enfin l'accomplissement se fait, de longue durée lui aussi, cinq à six heures parfois.

« Rien qui mérite attention entre les deux conjoints immobiles. Enfin ils se séparent, mais pour se rejoindre bientôt de façon plus intime. Si le pauvret est aimé de la belle comme vivificateur des ovaires, il est aimé aussi comme gibier de haut goût. Dans la journée, en effet, le lendemain au plus tard, il est saisi par sa compagne, qui lui ronge d'abord la nuque, suivant les us et coutumes, et puis méthodiquement, à petites bouchées, le consomme, ne laissant que les ailes. Ce n'est plus ici jalousie de sérail entre pareilles, mais bien fringale dépravée.

« La curiosité m'est venue de savoir comment serait reçu un second mâle par la femelle qui vient d'être fécondée. Le résultat de mon enquête est scandaleux. La Mante, dans bien des cas, n'est jamais assouvie d'embrassements et de festins conjugaux. Après un repos de durée variable, la ponte déjà faite ou non, un second mâle s'accepte, puis se dévore comme le premier. Un troisième lui succède, remplit son office et disparaît mangé. Un quatrième a semblable sort. Dans l'intervalle de deux semaines, je vois ainsi la même Mante user jusqu'à sept mâles. A tous elle livre ses flancs, à tous elle fait payer de la vie l'ivresse nuptiale. »

Et plus loin :

« Je surprends, isolé, l'horrible couple que voici. Le mâle, recueilli dans ses vitales fonctions, tient la femelle étroitement enlacée. Mais le malheureux n'a pas de tête ; il n'a pas de col, presque pas de corsage. L'autre, le museau retourné sur l'épaule, continue de ronger, fort paisible, les restes du doux amant. Et ce tronçon masculin, solidement cramponné, continue sa besogne !

« L'amour est plus fort que la mort, a-t-on dit. Pris à la lettre, jamais l'aphorisme n'a reçu confirmation plus éclatante. Un décapité, un amputé jusqu'au milieu de la poitrine, un cadavre persiste à vouloir donner la vie. Il ne lâchera prise que lorsque sera entamé le ventre, siège des organes procréateurs... »

L'esprit pourrait-il imaginer chose plus atroce ?

Certains, devant ces faits étranges, n'ont pas hésité à risquer de problématiques parallèles. Mais M. Charles-Gustave Amiot a sans doute raison qui écrit : « La Mante religieuse, le scorpion languedocien, le carabe doré, tant d'autres engeances, où la femelle fait au mâle étriqué de « justes funérailles, je veux dire, dans son estomac », doivent-elles éclairer d'un jour sinistre les bas-fonds de l'amour humain ? M. Edmond Perrier appelle la Mante une « Marguerite de Bourgogne » ; c'est de l'amusette mélodramatique. La Mante fait bien pis que l'héroïne de la **Tour de Nesles**. Elle croque jusqu'à sept Mantes pendant la pariade. Privé de tête et réduit à l'état de moignon inarticulé, méconnaissable, le mâle s'escrime encore à des témoignages... de quoi ? Direz-vous de tendresse ?... On l'a dit. Et l'on a sangloté en ricanant, comme Hamlet devant le crâne d'Yorick. L'amour, bataille des sexes, l'amour, instinct générique, l'amour schopenhauérien, génie de l'espèce repu du massacre des individus, tous les échevêlements des romantiques, toutes les férocités italiennes de Stendhal, toutes les ironies sensuelles de M. de Porto-Riche, toutes les obscénités déclarées de maint roman d'hier, tout cela ne trouve-t-il pas sa base, son authenticité, sa documentation pédante dans nos humbles, dans nos lointaines origines entomologiques ?... et nous remontons plus haut ! » « Les hommes, dit couramment à ses élèves tel biologue magistral, sont des vers qui se sont retournés. » La noblesse de ce langage n'a d'égale que la simplicité de la doctrine. Mais rien de plus à la mode que ces assimilations ou réductions qu'on croit audacieuses et qui sont si plates ! Si Roméo égale le Trublet de **Pot-Bouille** qui égale un étalon, qui égale un annélide accouplé, si Monime et Miranda s'expliquent par la Mante religieuse, cela doit crever les yeux ! Pourquoi vous évertuez-vous tant à établir ces identités ? Vous n'êtes pas bien sûr... ; c'est pourquoi vous ratiocinez et vous croyez hardi... » (1)

IV

FABRE ÉCRIVAIN, FABRE SAVANT ET FABRE PHILOSOPHE

Jean-Henri Fabre est un des Français que j'admire le plus. La patience passionnée de ses géniales observations me ravit, à l'égal des chefs-d'œuvre de l'art. Il y a des années que je lis et que j'aime ses livres. Aux dernières vacances encore, sur trois volumes que j'avais emportés en voyage, il y en avait deux de ses *Souvenirs entomologiques*.

Romain ROLLAND (Lettre, 7 janvier 1910).

Jean-Henri Fabre est une des plus hautes et des plus pures gloires que possède en ce moment le monde civilisé, l'un des plus savants naturalistes, le plus merveilleux des poètes au sens moderne et vraiment légitime de ce mot.

Maurice MAETERLINCK (Lettre, 17 novembre 1909).

Fabre, le poète savoureux et profond, le Virgile des insectes...

Edmond ROSTAND (Lettre, avril 1910).

Ainsi qu'on a pu s'en rendre compte par les courts extraits qui précèdent, J.-H. Fabre innovait. Délaissant le jargon prétentieux des savantasses, il exposait, dans une langue claire et harmonieuse, ce qu'il voyait et ce qu'il pensait. C'était là une innovation hardie, et il n'en fallait pas plus pour que ses doctes collègues ne daignent point prendre en considération ce naturaliste qui s'avisait d'être poète.

Poète, Fabre le fut intensément : poète large et sain qui sût — sans la déformer, — traduire la réalité en d'inoubliables images. Poète qui sut faire surgir de chaque touffe d'herbes de mirifiques épopées — vécues.

Il lui arriva d'écrire en vers — en vers français ou en

(1) *La Revue Hebdomadaire*, 29 décembre 1923.

vers provençaux — mais il était de ceux dont la poésie, source vive qui s'égrène en irrégulières cascades, supporte mal la canalisation rigide chère aux versificateurs. Il ne fit que de mauvais vers. Par contre, sa poésie capricieuse sut vêtir de fraîcheur une science dont tout autre que lui eut fait chose rebutante. M. Charles-Gustave Amiot n'exagère point en écrivant : « Fabre est un savant d'une sorte très particulière et, par quelque détail que je le prenne, je serai toujours conduit à formuler sa poésie. C'est son âme et son tout. C'est son fond et son parfum, son génie et son art. C'est par où, à telle distance qu'on voudra, il vient le second derrière Buffon et contribue à faire groupe, à son ordre, dans une famille dont les ancêtres vénérables sont Hésiode, Lucrèce et Virgile... » (1)

La comparaison n'est peut-être pas très juste ; ces illustres ancêtres dont il sut parfois atteindre la force lyrique, Fabre les a dépassés par sa géniale observation.

Et l'on ne peut pourtant pas dire qu'il ait beaucoup profité du progrès conquis par les siècles. Il était pauvre. Il lui arriva même d'être miséreux. Et le progrès ne sert jamais beaucoup les pauvres. Alors que ses médiocres et fortunés collègues avaient à leur disposition de vastes laboratoires munis des instruments les plus précis, écoutons Fabre nous décrire l'attirail hétéroclite qui lui servait à explorer l'inconnu : « Je dissèque l'infiniment petit ; mes scalpels sont de petits poignards que je fabrique moi-même avec de fines aiguilles ; ma dalle de marbre est le fond d'une soucoupe ; mes prisonniers sont logés par douzaines dans de vieilles boîtes d'allumettes, « maxime miranda in minimis... » (2) Plus tard, à Sérignan, le visiteur s'étonne : « Ah ! l'étrange laboratoire ! Sur une grande, une longue table qui occupe tout le milieu de la pièce, sont dispersés des pots de fleurs, des assiettes, des écuelles ou des terrines de toutes les tailles ; par-dessus ces divers récipients, dont plusieurs sont remplis de terre, il y a des carreaux de vitre ou bien des cloches en toile métallique, moyens de clôture qui laissent vivre les bestioles enfermées. Et que de bêtes diverses ! Tout le long du mur — côté fenêtres — s'alignent une série d'appareils de fortune, en bois, en terre, en verre, fabriqués avec des pots, des caisses,

(1) *La Revue Hebdomadaire*, 22 décembre 1923.

(2) Lettre à son frère (D'Ajaccio, 10 octobre 1852), citée par le Dr Legros.

des tubes de verre, de la cire à cacheter. Dans certains de ces appareils pourrissaient des cadavres de couleuvre et de souris nécessaires à ses expériences sur la mouche à viande, son œuf et sa larve. Un fumet infect nous enveloppait ; Fabre rayonnait d'allégresse ; il avait élucidé un des mystères de l'asticot !

« Un véritable musée de coquilles, de fossiles, d'insectes couvre la paroi qui fait face à la fenètre et, au-dessus des vitrines où sont tous ces objets, s'alignent les volumineux herbiers et la magnifique collection d'aquarelles que Fabre a faite des champignons de la contrée.

« Au haut bout de la grande table, tout contre la cheminée, est « la petite table », l'humble chose que Fabre possédait depuis qu'il était instituteur à Carpentras et qui fut l'associée de tous ses travaux.

« Autour de la grande table, le carrelage est usé, creusé en rigole. C'est la piste circulaire que Fabre a cent fois, mille fois parcourue, en élaborant dans sa tête le développement de l'expérience qu'il a finie et qu'il veut raconter. Ce développement achevé, il s'asseyait à « la petite table » et couvrait des pages du grand cahier où s'accumulaient les notes de son prochain ouvrage. » (1)

De son vivant, l'extraordinaire naturaliste — Fabre n'aimait pas être appelé **entomologiste**, terme trop étroit — fut presque complètement ignoré de la science officielle. Seule l'action énergique de disciples aussi dévoués que le docteur Legros parvint à réveiller l'attention publique et à faire connaître à sa juste valeur l'ermite de Sérignan.

Après sa mort, les inimitiés n'ont pas désarmé et il faut toute la chaude admiration de M. Marcel Coulon pour triompher des campagnes têtues qu'entretiennent d'opiniâtres adversaires, MM. Etienne Rabaud (de la Faculté des Sciences de Paris) et Charles Ferton entre autres. (2)

Fabre lui-même n'était pas sans voir d'où venait cette hostilité des savants officiels à son égard. Et dans ses Souve-

(1) Henri Hollard : *J.-H. Fabre*, pp. 43, 44 (Fischbacher, éd., Paris).

(2) S'élevant contre ces campagnes, M. Marcel Coulon n'a pas hésité à affirmer, dans la *Vie* (1er juillet 1924) : « Fabre a doté les sciences naturelles de la méthode du chimiste et du physicien ; a mis la main aux besognes les plus délicates de l'anatomie et de l'embryologie entomologique ; il a fait bénéficier la zoologie d'une culture scientifique comme on n'en peut pas rêver de plus générale et de plus précise à la fois. »

niers entomologiques, il s'écriait : « Vous éventrez la bête et moi je l'étudie vivante ; vous en faites un objet d'horreur et de pitié, et moi je la fais aimer vous travaillez dans un atelier de torture et de dépècement, j'observe, sous le ciel bleu, au chant des cigales ; vous soumettez aux réactifs la cellule et le protoplasme, j'étudie l'instinct dans ses manifestations les plus élevées ; vous scrutez la mort, je scrute la vie... Si j'écris pour les savants, pour les philosophes qui tenteront un jour de débrouiller un peu l'ardu problème de l'instinct, j'écris aussi, j'écris surtout, pour les jeunes, à qui je désire faire aimer cette histoire naturelle que vous faites tant haïr ; et voilà pourquoi, tout en restant dans le scrupuleux domaine du vrai, je m'abstiens de votre prose scientifique qui trop souvent, hélas ! semble empruntée à quelque idiome de Hurons. » (1)

S'il est des adversaires intelligents qui savent opposer quelques arguments aux admirateurs de Fabre, il en est d'autres que l'incompréhension ou le parti pris rend étonnamment grotesques, tel celui qui écrit : « Aussi douteuse (que la valeur de ses jugements) est la valeur de son style. Ayant banni la plupart des termes scientifiques, si rebutants pour des lecteurs non préparés, il leur substitue des expressions imagées, des comparaisons imprévues dont quelques-unes ne manquent pas de piquant, mais dont la plupart sont entachées d'une trivialité de mauvais ton. » (2) Le même censeur affirme encore : « Les erreurs (dans l'œuvre de Fabre) abondent à tel point qu'elles découragent la critique et qu'il faudrait recommencer toutes ses expériences pour en montrer le mal fondé. » Et il raille les « divagations entomologiques » du grand naturaliste...

Ces attaques convergent vers un point qui est, en effet, le point faible de Fabre : sa philosophie simpliste.

Fabre semble ne jamais s'être embarrassé de bien hautes spéculations philosophiques. La question paraît l'avoir laissé fort indifférent. Préoccupé par d'autres problèmes, il n'a pas accordé une minute, peut-on supposer, à des réflexions qui ne pouvaient que l'éloigner de son travail. Il existait une notion pratique, toute faite : la notion de Dieu, et il s'en est accommodé. Flairant l'impossibilité de donner une explication vraiment scientifique de l'instinct, par exemple, il a continué sa route, préférant se contenter d'une solution rapide que de

(1) Cité par M. Henri Hollard.

(2) M. J.-M. Lahy, dans la *Pensée Française*, 23 décembre 1922.

piétiner devant l'obstacle (V. un exemple dans Les Ravageurs, p. 28). Mais une telle attitude n'a pas manqué de lui attirer de nombreuses critiques. Nous avons déjà relaté ses querelles avec les dévots d'Avignon, d'une part. Et maints athées à l'esprit étroit ne lui pardonneront pas certaines pages de son œuvre. Alors ? Indépendamment de ce que nous disions plus haut, c'est peut-être M. Charles-Gustave Amiot qui a raison lorsqu'il écrit : « Il y a lieu de parler du sens religieux de Fabre et même de sa philosophie, comme on parlerait de la philosophie de La Fontaine ou de Lamartine. Quiconque est dénué du sens religieux n'est pas poète. On ne saurait être plus athée ou plus religieux que Vigny, selon le point de vue. J'étends le sens de la religion aux négations et bien plus aux doutes, quand ils sont douloureux. Ainsi, j'ignore tout de la confession de Fabre, quand je l'ai lu. J'ignore même presque tout de sa position par rapport au vicaire savoyard. Ses affinités me paraissent manifestes à l'égard de Lamarck et Geoffroy-Saint-Hilaire, ce qui ne le range pas dans un groupe. Une fois de plus, j'incline, somme toute, à le rapprocher assez exactement de Buffon. Ces sortes d'esprit ne satisfont point les sectaires. On les désavoue ou on les incrimine un peu partout. Dévots ou « scientistes » les accusent également de ne pas être assez compromis. Les uns et les autres ne veulent pas qu'on mêle le Lucrèce au Saint-François de Sales, le déterminisme à la ménagerie. « Toutes vos bêtes ont des âmes et même des caractères de La Bruyère », s'écrieront des disciples de Diderot ou de Le Dantec ! « Ce sont des horlogeries, s'exclame-t-on de l'autre bord. Prenez parti ! »

Il n'y a pas de parti à prendre. « Je laisse parler, dirait Renan, les différents lobes de mon cerveau. »

D'aucuns objecteront certainement : « Oui, mais il n'en demeure pas moins que c'est là attitude de poète et non attitude de savant ! » C'est vrai.

On pourrait peut-être leur rétorquer que, dès que l'on franchit les limites du connaissable, les hypothèses du savant n'ont pas beaucoup plus de poids que les rêveries du poète. Mais néanmoins — malgré toute l'admiration que l'on peut avoir pour Fabre — il faut avouer que le naturaliste a fait trop peu de cas de la question. Il ne prévoyait sans doute pas l'effet fâcheux du trou qu'il allait laisser dans son œuvre. Il est entendu que l'abandon de cette tant serviable « Providence » l'aurait entraîné en dehors du cadre de ses recherches, mais, s'il n'avait voulu approfondir le problème il aurait pu toutefois — il aurait dû — tâcher de lui donner une solution moins... hâtive...

Nous aurons d'ailleurs l'occasion de revenir sur cette regrettable lacune au sujet du problème de l'instinct.

V

LE PROBLÈME DE L'INSTINCT

L'instinct, c'est l'ombre formidable de l'Infini sur nous.
J.-G. MILLET (*En lisant J.-H. Fabre*).

Le problème de l'instinct est certainement un des problèmes les plus ardus — et même un de ces problèmes passionnants dont on ne peut entrevoir aucune solution satisfaisante. L'importance en a été soulignée bien souvent, et les savants, tour à tour et avec un pareil insuccès, se sont efforcés de déchiffrer le mystère.

« L'instinct existe-t-il ou bien n'est-il qu'une illusion de notre esprit ? Autrement dit, **l'instinct naît-il de la vie** ou la **vie naît-elle de l'instinct ?** Toute la valeur de tous nos raisonnements tient dans ce dilemme.

« Dire avec Fabre que l'instinct existe, c'est dire qu'il y a dans la nature, à côté de la nôtre, une « obscure volonté » qui veut que l'être vive et qui tend à maintenir au-dessus des forces aveugles du néant et de la mort le feu follet d'une existence. Dire que l'instinct existe, c'est dire que les lois de l'univers se prolongent dans la vie, c'est dire que le cerveau humain n'est pas seul à **vouloir** sous le soleil et qu'une **force occulte**, une **fatalité**, veille à côté de lui sur le cocon de la chenille ou sur le nid du chat-huant.

« Dire, au contraire, que l'instinct n'est qu'une « illusion de la paresse humaine », faire de son mystère une sorte de « fatalité seconde », comparer sa puissance à celle de la routine, dire avec les Darwiniens qu'il est **le résultat d'une série d'habitudes acquises** graduellement par l'animal dans le cours des siècles passés et transmises de père en fils par hérédité, ou dire avec les néo-lamarckiens qu'il n'est que le dernier spasme d'une raison autrefois lucide, cela revient purement et simplement à prouver qu'il n'existe pas, qu'il n'est qu'une illusion. Dire que l'instinct **naît de la vie**, c'est nier son utilité primordiale, c'est dire que la vie peut se passer de lui, c'est vouloir supprimer d'un trait l'effroi de son mystère. » (1)

Devant l'énigme, Fabre, comme je le disais plus haut, ne s'est pas attardé en suppositions et en hypothèses. Lui, qui aimait pourtant à « culbuter l'obstacle », a compris que là tous ses efforts seraient vains, et il s'est contenté de faire un détour pour pouvoir continuer sa route. Il a bien tenté un semblant d'explication, mais pour la forme seulement. Lorsque le point d'interrogation se pose, « pour toute réponse Fabre lève le doigt vers le ciel, ce qui n'est guère une réponse. » (2) Et il retourne à son travail.

Faut-il admettre que Fabre est un croyant ? M. Marcel Coulon écrit : « Fabre ne croit pas précisément en Dieu. Il croit à la Providence, mais à une Providence qui a bien d'autres choses à faire qu'à s'occuper de nos petits intérêts humains et qu'il n'est pas indispensable d'aller implorer dans les temples. Une divinité intermédiaire entre le Dieu (?) de Malebranche et celui de Renan. Plus exactement, il soupçonne qu'une volonté mène le monde, qu'une raison à l'image de la raison humaine — et c'est sur ce point seulement qu'apparaît le spiritualisme et l'anthropocentrisme de Fabre — est intervenue dans la création, dans l'organisation de l'Univers. Ayant connu l'infinie complexité de l'horloge insecte, il n'admet pas que l'horloge ait pu se passer d'horloger. Un point, c'est tout ; et sur l'horloger lui-même ne lui demandez pas de renseignements. Il vous répondra, lui qui a rassemblé une somme si considérable de vérités particulières et détruit une telle somme d'erreurs particulières et générales, il vous répondra en dessinant d'une main ferme le **lituus** augural, le point d'interrogation. Les merveilles de la psychique des insectes l'ont convaincu de l'existence d'un être suprême, comme les harmonies des sphères célestes en ont convaincu un Newton ; mais il est moins facile aujourd'hui à un grand savant d'être déiste, qu'il ne l'était à l'époque du grand physicien.

« Maintenant, je dois dire que, quand on a lu, relu et médité les **Souvenirs**, l'astronomie supporte plus aisément, semble-t-il, l'explication mécaniste que la psychologie animale » (3). Mais Fabre fut-il aussi « convaincu » de l'existence d'un être suprê-

---

(1) J.-G. Millet : *En lisant J.-H. Fabre*, pp. 11, 12 (Delagrave, éd., Paris).

(2) J.-G. Millet id. p. 94.

(3) *Le Génie de J.-H. Fabre*, pp. 139, 140.

me que l'avance M. Coulon ? Nous ne le croyons pas et nous persistons à penser que le naturaliste ne choisit cette attitude que pour ne pas s'attarder sur un problème qu'il prévoyait insoluble et qui l'éloignait de ses travaux.

Voyons maintenant les diverses définitions et explications que Fabre a données de l'instinct. Le grand naturaliste écrit : « L'instinct sait tout dans les voies invariables qui lui ont été tracées, il ignore tout en dehors de ces voies. Inspiration sublime de science, inconséquence étonnante de stupidité, sont à la fois son partage, suivant que l'animal agit dans des conditions normales ou dans des conditions accidentelles. » (1)

Mais prenons un exemple et laissons à M. Marcel Coulon le soin de nous le conter : « Voici trois Sphex de familles différentes, mais qui, pour alimenter leurs larves, s'adressent uniquement au genre orthoptère. Le premier chasse le grillon, le second le criquet, le troisième l'éphippigère ; trois insectes qui ont entre eux des différences extérieures si profondes que pour les associer et saisir leur analogie il faut que nous soyons entomologistes exercés.

Eh bien ! ces infaillibles physiologistes et entomologistes, ces savants et ces virtuoses, sitôt qu'ils se trouvent en dehors des conditions quotidiennes de leur existence, dénotent une stupéfiante stupidité. En présence des difficultés enfantines que Fabre lui proposera, le Sphex languedocien — pour n'en citer qu'un — nous paraîtra aussi peu apte au raisonnement que la plante ou que la pierre. Ayant coutume d'opérer la visite de son terrier avant d'y introduire l'éphippigère, le Sphex abandonne sa proie quelques secondes au bord du trou, puis revient la tirer par les antennes et l'introduit. Qu'on profite de sa courte absence pour couper les antennes du gibier, l'intelligence du Sphex se bornera à tenter l'impossible, à prétendre happer avec ses mandibules le crâne rond et poli de sa victime à l'endroit précisément où se trouvaient les antennes disparues. Mais cette proie, dont la capture lui a coûté tant de soins, il ne lui viendra pas à l'idée de la happer par l'une de ses six pattes ou par l'oviscapte, organes capables d'être happés aisément et de servir de cordon de traction. Et il refusera la patte ou l'oviscapte si on le lui place sous les mandibules !

« Sa proie emmagasinée, le Sphex pond un œuf sur elle et mure le terrier. Fabre intervient au milieu du travail de maçonnerie. Il enlève les matériaux de clôture, retire l'ephippi-

(1) *Souvenirs entomologiques*, 1re série, ch. XII.

gère et cède la place au Sphex. L'hyménoptère entre chez lui, séjourne dans la chambre vide, puis se remet à maçonner comme si sa future progéniture et la proie qu'il lui destinait remplissaient toujours la chambre. » (1)

Les exemples de cette sorte ne manquent pas. Certaines stupidités de l'insecte vous déroutent complètement. Telle la stupidité de la lycose de Narbonne. Cette bestiole, « à qui l'instinct maternel fait accomplir des prodiges de dévouement, — car elle ne quitte jamais, durant la longue incubation, ni de nuit ni de jour, pendant le repos aussi bien que pendant la veille, le globe qui contient ses œufs, — ne fait aucune différence entre son trésor et celui d'une autre lycose, lorsqu'à la place du sien on lui donne le bien d'autrui. Qu'à sa ronde pilule on substitue le sac, en forme de conoïde surbaissé, de l'Epeire soyeuse, « elle se colle aux filières la singulière sacoche et la voilà satisfaite comme en possession de sa vraie pilule. » Même satisfaction si, à la place de son bien, on lui jette une bille de liège. « L'objet subéreux, si différent de la bourse de soie, est accepté sans scrupule aucun... De ses huit yeux où brille l'éclair des gemmes, la bête cependant devrait reconnaître sa méprise !... Amoureusement, elle enlace la bille de liège, la caresse des palpes, la fixe aux filières et, désormais, la traîne comme elle traînerait son véritable sac. » (2)

Toutefois, à côté de l'instinct, Fabre reconnaît chez l'insecte une faculté qu'il appelle le **discernement.** « Avec sa rigide science qui s'ignore, l'instinct pur, s'il était seul, laisserait l'insecte désarmé dans le perpétuel conflit des circonstances. Deux moments dans la durée ne sont pas identiques ; si le fond reste le même, les accessoires changent ; l'imprévu surgit de partout. En cette mêlée confuse, un guide est nécessaire pour rechercher, accepter, refuser, choisir, préférer ceci, ne faire cas de cela, tirer parti de ce que l'occasion peut offrir d'utilisable. Ce guide, l'insecte le possède, certes, à un degré même très évident. C'est le second domaine de la psychique. N'osant appeler cette aptitude rudimentaire intelligence, titre trop élevé pour elle, je l'appellerai **discernement.** L'insecte, en ses plus hautes prérogatives, discerne, fait la différence d'une chose avec une autre, dans le cercle de son art, bien entendu ; et voilà tout, à peu près.

« Tant que l'on confondra sous une même rubrique les actes d'instinct pur et les actes de discernement, on retombera dans

(1) *Le Génie de J.-H. Fabre*, pp. 161, 162.

(2) Citations rapportées par M. Marcel Coulon.

ces interminables discussions qui aigrissent la polémique sans faire avancer la question d'un pas. L'insecte est-il conscient de ce qu'il fait ? Oui et non, tout à la fois. Non, si son acte est du domaine de l'instinct oui s'il est du domaine du discernement. L'insecte est-il modifiable dans ses mœurs ? Non, oui, s'il se rapporte au discernement. » (1)

Là encore les exemples ne manquent pas. Prenons celui de l'abeille, que nous conte M. J.-G. Millet : « Les abeilles ont-elles été uniquement créées pour visiter les fleurs ? On l'a cru longtemps. On le croit encore, tant les erreurs ont la vie dure. Aussi quelle ivresse pour les partisans de Darwin, lorsqu'un jour on s'aperçut que, dans les pays où se trouvent des sucreries, les sœurs « des corolles vermeilles » avaient complètement renoncé à visiter les fleurs, trouvant récoltes plus faciles dans le sillage de l'industrie humaine. Pouvait-on soutenir que l'instinct était invariable après pareille épreuve ? Voyez plutôt les affairées braver la présence odieuse de l'homme, abandonner les champs pour récolter la liqueur sucrée partout, sur les toits, dans les cours des usines. Ah ! la loi de la nature, comme elles s'en moquent, les effrontées !... » (2)

Mais n'allons pas trop loin dans les déductions !... Car « il ne semble pas qu'avec ces concessions notre psychologie sorte des limites de l'instinct et pénètre dans celles de l'intelligence; ou, pour employer une expression qui prêtera moins à l'équivoque, de la **raison.** Les actes de discernement susdits ne rapprochent pas l'animal de l'homme, mais ils éloignent l'animal de la plante. » (3)

Et l'abîme s'avère tellement profond et infranchissable qui sépare l'instinct aveugle (aussi bien que le rudimentaire discernement) de l'intelligence, que M. Marcel Coulon en arrive à formuler, pour Fabre, ce théorème net : « Plus l'instinct est perfectionné, plus il s'éloigne de l'intelligence humaine, de la raison. »

Notons ici que plusieurs savants, par leurs observations et leurs déductions, ont contesté l'exactitude de certaines affirmations de J.-H. Fabre. Peckhams observe : « Une chenille

---

(1) *Souvenirs entomologiques*, 4e série.

(2) *En lisant J.-H. Fabre*, pp. 19. 20.

(3) Marcel Coulon : *Le Génie de J.-H. Fabre*, p. 173.

peut être paralysée si légèrement qu'elle ne saurait pas rejeter la larve de guêpe attachée à son corps. Ou bien la chenille peut être si bien paralysée qu'elle devra mourir ensuite, sans danger pour la larve, qui se nourrit alors de son corps décoloré et plus ou moins putréfié, avec le même plaisir et le même bénéfice apparent que si la chenille était chaude et vivante. » Et Peckhams ajoute : « Les conclusions que l'on tire de cette étude diffèrent d'une façon remarquable de celles de Fabre. Le seul fait dominant, invariable et éternel, c'est la **variabilité** dans tout : la forme du nid, la manière de le perforer, la façon de piquer la proie, la manière de traiter la victime et celle de fermer le nid, et, enfin (chose la plus importante de toutes) dans les conséquences produites chez les victimes de la piqûre. Quelques-unes meurent et se dessèchent, bien longtemps avant la naissance de la larve parasite, tandis que d'autres vivent plus longtemps qu'il n'est nécessaire, lorsque l'observateur intervient pour écarter le parasite. Et toute cette variabilité résulte de l'étude de neuf nids de guêpes et de quinze chenilles ! » (1)

Le professeur Herrera conclut immédiatement à la mauvaise foi de Fabre pour mieux défendre la cause du transformisme et de l'évolution (2). Que Fabre se soit trompé quelquefois, c'est fort possible ; quel est le savant qui n'a jamais commis d'erreurs ? Mais ne jetons pas aussi vite des accusations téméraires.

« Ce que les **Souvenirs** nous ont montré, en tous cas, écrit M. Marcel Coulon, et ce dont il est impossible, même en restant matérialistes, que nous ne leur soyons pas reconnaissants, c'est le côté naïf de certains théoriciens du transformisme, esprits religieux à rebours, qui voient le problème du monde avec la simplicité qui les choque tant chez les dévots. Avec quel air ces bonnes gens escamotent la difficulté ! Passez muscade, disent les prestidigitateurs, hélas ! de la meilleure foi du monde. Mais le Vieil Homme soulève le gobelet, nous montre que l'énigme est toujours là, et, dissipant les nuées accumulées par l'opérateur, il met dans un jour éblouissant la formidable complexité du problème. » (3)

Et le voile demeure, aussi impénétrable.

---

(1) Peckhams : *The Instincts and habits of the Solitary Wasps.*

(2) *L'Instinct merveilleux des Insectes?* (Han Ryner, A. Forel, Herrera, Prochowsky, Jaworski, André Lorulot). Editions de « L'Idée Libre ».

(3) *Le Génie de J.-H. Fabre*, pp. 141-143

Nous ne pouvons admettre l'explication simpliste d'une puissance divine et d'une providence. Mais, d'un autre côté, nous ne pouvons saisir les transformations de la vie et suivre l'évolution dans ses méandres. Nous nous heurtons à un mur. La connaissance humaine arrivera-t-elle, peu à peu, à en effriter les pierres ? Parviendra-t-elle à se faire une trouée sur l'inconnu ? Nous en sommes certains. Mais à l'heure actuelle nous restons impuissants devant l'obstacle et nous ne pouvons guère, selon l'expression du Dr Jaworski, que croire fermement en « la solidarité entière et absolue de tout ce qui existe. »

VI

CONCLUSION

De fimo ad excelsa.
J.-H. FABRE.

Nous avons vu que Fabre, merveilleux savant, fut aussi un merveilleux éducateur. Et nous insisterons encore une fois sur la magnifique leçon d'énergie saine et féconde que fut sa vie. Elle montre jusqu'où peut atteindre le labeur humble et persévérant de l'homme.

Ecoutez le conseil donné à la jeunesse :

« C'est aujourd'hui jeudi ; rien ne t'appelle au dehors ; tu choisis un réduit bien tranquille et où ne pénètre qu'une clarté douteuse. Te voilà les coudes sur la table, chaque pouce derrière l'oreille et un livre devant toi. L'intelligence s'éveille, la volonté en tient les rènes ; le monde extérieur disparaît, l'oreille n'entend plus, l'œil ne voit plus, le corps n'est plus rien ; l'âme s'étudie, elle se souvient, elle retrouve la science et la lumière se fait. Les heures passent alors, vite, vite, bien vite, le temps ne se mesure pas. Déjà voici le soir !... Mais les vérités se sont groupées en foule dans ta mémoire, mais les difficultés qui t'avaient arrêté hier se sont fondues au feu de la réflexion, mais des volumes sont dévorés, et tu es content de ta journée...

« ...Lorsque quelque chose t'embarrasse, n'abuse pas du secours de tes collègues ; avec le secours, la difficulté n'est pas contournée ; avec la patience et la réflexion, tu la culbutes.

Du reste on ne sait bien que ce qu'on apprend soi-même, et je te conseille fortement de n'avoir, autant que possible, surtout pour les sciences, d'autre aide que la réflexion. Un livre de science est une énigme qu'il faut déchiffrer ; si on te donne la clef de l'énigme, rien ne paraît plus simple et plus naturel que l'explication ; mais qu'il s'en présente une seconde, et tu seras tout aussi inhabile que pour la première...

« Il est probable qu'il s'offrira quelques leçons ; n'accepte pas de préférence les plus faciles et les plus lucratives, mais bien les plus difficiles, lors même que ce serait sur des matières que tu ignores encore. L'amour-propre qui ne voudrait pas laisser voir le bout de l'oreille est un puissant auxiliaire de la volonté. N'oublie pas ce procédé de Jules Janin, courant de maison en maison, à Paris, pour quelques misérables leçons de latin : « Ne pouvant rien obtenir de mes stupides élèves, côte à côte avec le fils hébété du marquis, j'étais simultanément élève et professeur, je m'expliquais à moi-même les auteurs anciens et, de la sorte, en quelques mois, je me fis faire un excellent cours de rhétorique... »

« Surtout il ne faut pas te décourager, le temps n'est rien pourvu que la volonté soit toujours tendue, toujours agissante et jamais distraite ; « les forces viendront en cheminant. »

« Essaye seulement quelques jours ce mode de travail où toute l'énergie concentrée sur un point fait explosion comme une mine et bouleverse les obstacles, essaye quelques jours la force de la patience, la puissance de la ténacité, et tu verras que rien n'est indomptable ! » (1)

Et ailleurs, cette apologie vibrante de la science, dans une autre lettre à son frère :

« Frédéric, la science, la science c'est tout... Travaille donc lorsque l'occasion s'en présente, occasion que bien peu pourront avoir et dont tu devrais te trouver trop heureux. Mais je m'arrête, car je sens que l'enthousiasme me monte à la tête et mes raisons sont déjà trop bonnes pour en avoir besoin de plus triomphantes afin de te convaincre... »

« Agir, c'est vivre. »

Et pourrait-on donner une autre conclusion ?

(1) Lettre à son frère, d'Ajaccio, 10 juin 1850 (citée par le Dr Legros).

BIBLIOGRAPHIE

Souvenirs entomologiques, 11 volumes in-8° raisin, illustrés de planches hors-texte tirées en héliogravure d'après les photos de Paul-H. Fabre, et de nombreux dessins dans le texte.

La Vie des Insectes (morceaux choisis).

Les Mœurs des Insectes (morceaux choisis).

Les Merveilles de l'Instinct chez les Insectes (morceaux choisis).

Les Ravageurs, récits sur les animaux nuisibles à l'Agriculture.

Les Auxiliaires, récits sur les animaux utiles à l'Agriculture.

Petits volumes de lectures instructives : *La Plante*, *La Terre*, *Le Ciel*, *Lectures sur la Zoologie*, *Lectures sur la Botanique*, *Les Petites Filles*, *Aurore*, *Le Ménage*, *Maître Paul*, *Le Livre des Champs*, *L'Industrie*, *Le Livre d'Histoire*, *Chimie agricole*, *La Chimie de l'Oncle Paul*, etc... (Ed. Ch. Delagrave, Paris).

PRINCIPAUX OUVRAGES

ayant trait à l'œuvre ou à la vie de J.-H. Fabre

et publiés jusqu'à ce jour.

Dr G.-V. Legros : *J.-H. Fabre, naturaliste*, 1910 (**Delagrave**, éd. **Paris**).

— *La Vie de J.-H. Fabre, naturaliste*, 1913, édition remaniée du précédent (Delagrave, éd. Paris).

Abbé Augustin Fabre : *J.-H. Fabre raconté par lui-même*, 1911 (2 vol., Em. Vitte, éd., Lyon).

J.-G. Millet : *En lisant J.-H. Fabre*, 1922 (Delagrave, éd., **Paris**).

Marcel Coulon : *Le Génie de J.-H. Fabre*, 1924 (Ed. du **Monde Nouveau, Paris**).

Henri Hollard : *J.-H. Fabre*, 1924 (**Fischbacher**, éd., **Paris**).

TABLE DES MATIÈRES

Imprimerie
spéciale de
L'Idée Libre
à Conflans-
Honorine
Seine-et-Oise

www.ingramcontent.com/pod-product-compliance
Lightning Source LLC
LaVergne TN
LVHW021637170726
843501LV00007B/2265
9782329653389